AF300800

Peter Jäger

Anwenderwissen Kalibrierschein und Kalibriermarke

Inhalte, Grundlagen und normative Bezüge zu Kalibrierscheinen und Kalibriermarken

Bibliographische Information der Deutschen Nationalbibliothek:
Die Deutsche Nationalbibliothek verzeichnet diese Publikation
In der Deutschen Nationalbibliographie; detaillierte bibliographische
Daten sind im Internet über http://dnb.dnb.de abrufbar.

© 2020 Jäger, Peter
p.jaeger.metrologie@web.de
Herstellung und Verlag:
BoD – Books on Demand, Norderstedt

ISBN: 978-3-7519-9506-1

Inhaltsverzeichnis

Inhaltsverzeichnis

Vorwort

Dieses Buch soll konzentrierte Informationen zum Thema Kalibrierscheine und –marken geben. Es soll die wichtigsten Normen und die Bezugsstellen führen, ohne dass der Leser sich diese Normen beschaffen, lesen und ganzheitlich verstehen muss.

Die Idee zu diesem Buch entstand aus zahllosen Anfragen – telefonisch, persönlich oder per E-Mail über viele Jahre von Menschen, die sich mit dem Thema konfrontiert sahen und Unterstützung suchten.

Mit der Neuausgabe der DIN EN ISO/IEC 17025:2018 hat es Änderungen hinsichtlich der Vorgaben zu Inhalten von Kalibrierscheinen gegeben, die von Kalibrierlaboren ausgestellt werden, die von der Deutschen Akkreditierungsstelle DAkkS akkreditiert sind. Darüber hinaus wurden von der DAkkS Ausführungsbestimmungen ausgegeben, die ebenfalls markante Änderungen enthalten und ab Herbst 2020 verbindlich sind.

Aber auch das Thema Werkskalibrierscheine wird angesprochen.
Dabei wurde es als wichtig angesehen, eng an den normativen Bezügen zu arbeiten und die erforderlichen Verweise dorthin zu geben.

Definitionen

Alle allgemeinen Definitionen sind entnommen aus:

> *Burghart Brinkmann*
> *Internationales Wörterbuch der Metrologie*
> *Grundlegende und allgemeine Begriffe und zugeordnete Benennungen (VIM)*
> *Deutsch-englische Fassung*
> *ISO/IEC-Leitfaden 99:2007*
> *Korrigierte Fassung 2012*

Dieses Werk ist in diesem Buch Referenz für alle metrologischen Begriffe.

Begriffe

Kalibrierscheine - Einleitung

Grundsätzlich können Kalibrierscheine in zwei Kategorien eingeteilt werden:

- Kalibrierscheine zu rückführbaren Kalibrierungen – in Deutschland auch DAkkS-Kalibrierscheine genannt, ausgestellt von einem durch die DAkkS akkreditiertes Kalibrierlaboratorium

- Kalibrierscheine zu nicht rückführbaren Kalibrierungen, auch Werkskalibrierschein, Servicekalibrierschein, innerbetrieblicher Kalibrierschein, Herstellerkalibrierschein oder ähnlich genannt.

Die oben genannten Begriffe sollen zunächst erläutert werden:

Akkreditierung

Der Begriff „akkreditieren" kommt aus dem Lateinischen und bedeutet „Glauben schenken".

Es gilt angesichts der Globalisierung für Anforderungen an die Qualität von Waren und Dienstleistungen einen Maßstab und eine Richtlinie festzulegen, damit eine Vergleichbarkeit überhaupt möglich ist. Nur dann lassen sich minderwertige Produkte identifizieren und reklamieren.

Grundsätzliches Maß aller Dinge im wortwörtlichen Sinn ist für alle <u>metrologischen Angelegenheiten</u> die Verwahrung und Weitergabe der Parameter der nationalen Normale bei der Physikalisch technischen Bundesanstalt PTB in Braunschweig.

Die PTB kann aber die Aufgabe der messtechnischen Weitergabe bis hin zum Endverbraucher gar nicht wahrnehmen – „zwischengeschaltete" Stellen (der Wirtschaft) werden benötigt. Da diese nun Aufgaben wahrnehmen, die höchsten technischen und administrativen Anforderungen genügen müssen, andererseits aber natürlich auch wirtschaftlichen Interessen unterliegen, könnte es zu einem Konflikt kommen.

Um klare Regeln zu schaffen, die Kalibrierung – je nach Parameter – vergleichbarer Qualität und Mindestanforderungen zu schaffen, werden Kalibrierlabore bei Vorliegen und dem Nachweis festgelegter Voraussetzungen „zugelassen", akkreditiert.

Diese Akkreditierung erfolgt nicht ausschließlich auf Basis einer Papierlage; ein Akkreditierungsaudit vor Ort ist ebenfalls Voraussetzung und wird immer als Erst- und später als Folgeauditierung durchgeführt.

Diese Auditierung und die nachfolgenden Bewertungen stellen sicher, dass die überprüften Produkte, Verfahren, Dienstleistungen oder Systeme hinsichtlich ihrer Qualität und Sicherheit verlässlich sind, sie einem technischen Mindestniveau entsprechen und mit den Vorgaben entsprechender Normen, Richtlinien und Gesetze konform sind. Daher werden diese objektiven Bestätigungen auch als **Konformitätsbewertung** bezeichnet.

DKD

Die Abkürzung „DKD" steht für „Deutscher Kalibrierdienst". Der DKD war bis Anfang 2010 die Stelle, die über den Deutschen Akkreditierungsrat DAR Kalibrierlabore der Privatwirtschaft und von Behörden und Militär akkreditierte.

Der DKD war ein Zusammenschluss von Kalibrierlaboratorien in Industrieunternehmen, Prüfinstitutionen, technischen Behörden und sollte eine flächendeckende metrologische Präsenz in Deutschland sicherstellen. Um Mitglied im DKD werden zu können, musste das Kalibrierlaboratorium im Rahmen einer Akkreditierung seine personelle und messtechnische Kompetenz nachweisen. Es war dann berechtigt, Kalibrierungen zu den akkreditierten Messgrößen und Messbereichen durchzuführen und in einem DKD-Kalibrierschein zu dokumentieren.

Dieser DKD-Kalibrierschein galt auf Grund der Akkreditierung und der damit verbundenen Überwachung der Fähigkeiten des Kalibrierlaboratoriums als Nachweis der Rückführbarkeit gemäß ISO 17025 und ISO 9001.

Das Akkreditierungswesen wurde in Deutschland zum 1. Januar 2010 aufgrund der Verordnung (EG) Nr. 765/2008 umgestellt. Die Akkreditierungsstelle des Deutschen Kalibrierdienstes (DKD) wurde in der Folge zum 17.12.2009 in die Deutsche Akkreditierungsstelle GmbH (DAkkS) überführt.

Die DKD- Fachausschüsse werden jedoch weiterhin als technische Gremien unter der Schirmherrschaft der PTB weitergeführt.

DAkkS

DAkkS ist die Abkürzung für „Deutsche Akkreditierungsstelle". Diese Stelle ist die die nationale Akkreditierungsstelle der Bundesrepublik Deutschland. Sie handelt nach dem Akkreditierungsstellengesetz (AkkStelleG) als alleiniger Dienstleister für Akkreditierung in Deutschland.

Die DAkkS arbeitet nicht gewinnorientiert. Sie ist eine GmbH, deren Gesellschafter die Bundesrepublik Deutschland, die Bundesländer Bayern, Hamburg, Niedersachsen, Nordrhein-Westfalen und Sachsen-Anhalt und durch den Bundesverband der Deutschen Industrie e. V. (BDI) vertreten die deutsche Wirtschaft.

Die DAkkS akkreditiert unter anderem Kalibrierlabore, d.h. nach einer (strengen) Prüfung der Erfüllung von festgelegten Vorgaben wird ein Kalibrierlabor „zugelassen". Es hat den Nachweis erbracht, gemäß den DAkkS Richtlinien zu arbeiten und darf dafür das DAkkS Logo in seinen Kalibrierscheinen führen.

Kalibrierlaboratorium mit Akkreditierung

Wird in Deutschland von einem akkreditierten Kalibrierlaboratorium gesprochen, so ist immer eine Akkreditierung durch die DAkkS auf Grundlage der DIN EN ISO/IEC 17025, „Allgemeine Anforderungen an die Kompetenz von Prüf- und Kalibrierlaboratorien" gemeint.

In der DIN EN ISO/IEC 17025:2018 heißt es – neu und im Gegensatz zur früheren Version:
*„Dieses Dokument wurde mit dem Ziel entwickelt, das **Vertrauen in die Arbeit von Laboratorien** zu fördern. Dieses Dokument enthält Anforderungen für Laboratorien, damit diese nachweisen können, dass sie kompetent arbeiten und fähig sind, valide Ergebnisse zu erzielen. **Laboratorien, welche dieses Dokument erfüllen, werden auch allgemein in Übereinstimmung mit den Grundsätzen von ISO 9001 arbeiten.“***

Gab es im früheren Dokument die Botschaft „Akkreditierung nach 17025" hat nicht zwangsläufig etwas mit „Zertifizierung nach DIN EN ISO 9001" gemein, so hat man in den Normenausschüssen auf die Realität reagiert und erkannt

- Dass die überwiegende Mehrheit der akkreditierten Kalibrierlabore auch eine Zertifizierung nach ISO 9001 besitzen

- Dass es zahlreiche inhaltlich Schnittmengen – hier: die allgemeinen QM-Anteile – in den beiden Qualitätsmanagementhandbüchern gibt

- Diese beiden Segmente nicht widersprüchlich sind, sondern sich durchaus ergänzen und der bis dato praktizierten Umgang eine Doppelarbeit und Doppelbelastung für alle Parteien bedeutet

Dementsprechend kann / soll mit der Neuausgabe der DIN EN 17025:2018 ein gemeinsamer allgemeiner QM-Anteil erstellt und für Zertifizierung und Akkreditierung genutzt werden.

Trotzdem gilt: wird ein geeignetes Kalibrierlabor (aus-) gesucht, sollte das Augenmerk nicht auf einer Zertifizierung nach ISO 9001 liegen, sondern auf einer Akkreditierung nach DIN EN ISO/IEC 17025.

Während die ISO 9001 grundsätzliche Forderungen an ein Qualitätsmanagement stellt, ist die DIN EN ISO/IEC 17025 speziell auf Kalibrier- und Prüflabore labore zugeschnitten.

In dieser Vorschrift umfassen allein die technischen Anforderungen an ein Kalibrierlabor jeweils einen Maßnahmenkatalog für:

- Das Personal
- Die Räumlichkeiten und Umgebungsbedingungen
- Die Prüf- und Kalibrierverfahren und deren Validierung
- Die Auswahl von Verfahren
- Vom Laboratorium entwickelte Verfahren
- Nicht in normativen Dokumenten festgelegte Verfahren
- Validierung von Verfahren
- Schätzung der Messunsicherheit
- Die Lenkung von Daten
- Die Einrichtungen
- Die Messtechnische Rückführung
- Besondere Anforderungen
- Bezugsnormale und Referenzmaterialien
- Probenahme
- Handhabung von Prüf- und Kalibriergegenständen
- Sicherung der Qualität von Prüf- und Kalibrierergebnissen

Ein Kalibrierlabor, welches (mit entsprechendem Aufwand) nach DIN EN ISO/IEC 17025 akkreditiert wurde, kann für die akkreditierten Parameter immer als vertrauenswürdige Kalibrierstelle ausgewählt werden.

Kalibrierungen, die in einem akkreditierten Labor durchgeführt wurden, stehen für die Zuverlässigkeit der Messergebnisse (einschließlich Unsicherheiten) und sind unerlässlich bei einer Zertifizierung nach EN ISO 9001, in der eine Rückführbarkeit auf nationale Normale für die genutzten Messmittel gefordert wird.

Aber auch angebotenen oder durchgeführte Kalibrierungen außerhalb des Kalibrierumfangs können als Werkskalibrierungen Vertrauen entgegen gebracht werden – ein Labor, welches den oben beschriebenen Aufwand betreibt wird nicht außerhalb seines Qualitätsmanagementsystems arbeiten – garantieren kann dies allerdings niemand. So bleibt es immer eine Entscheidung auf Bedarfs- und Datenbasis, ob eine Werks- oder DAkkS-Kalibrierung gefordert wird.

Abzuraten ist jedoch von Kalibrierdiensten ohne jegliche Zertifizierung oder Akkreditierung – eine „passt-so" Kalibrierung hat keinen (metrologischen) Wert.

Trotz der oben beschriebenen Abgrenzung zur ISO 9001 besitzt ein akkreditiertes Kalibrierlabor häufig auch eine Zertifizierung nach ISO 9001.

Dies liegt an den gleich ausgerichteten Vorgaben für eine prozessorientierte Umsetzung. Diese sind in der ISO 9001 jedoch allgemeingültig gefasst und passen sowohl auf dienstleistende als auch auf produzierende Betriebe / Unternehmungen.
Daher wurde speziell für Kalibrierlabore die DIN EN ISO 10012, „Messmanagementsysteme. Anforderungen an Messprozesse und Messmittel" geschaffen.

Diese Vorschrift ergänzt die oben genannten DIN EN ISO/IEC 17025 und ISO 9001 und gibt den Kalibrierlaboren Werkzeuge und Richtlinien zur Umsetzung einer Kalibrierung mit hohen Qualitätsstandards und vergleichbarer Qualität an die Hand.

Nur Kalibrierlabore mit Akkreditierungen dürfen nach Genehmigung das DAkkS-Logo auf den Kalibrierscheinen verwenden.

Kalibrierschein oder Kalibrierzertifikat?

Der Begriff „Kalibrierzertifikat" wird im offiziellen Sprachgebrauch vermieden: ein akkreditiertes Kalibrierlabor ist keine Zertifizierungsstelle und stellt daher auch keine Zertifikate, sondern Kalibrierscheine aus.

Mit der DAkkS-Schrift 71 SD 0 025 „Darstellung von Kalibrierergebnissen und die Verwendung der DAkkS-Kalibriermarke" (siehe auch den Anschnitt (normative) Grundlagen) wird erstmals auch der Begriff Kalibrierzertifikat definiert:

„Kalibrierschein:
Nicht digitale Datensätze, die z. B. in Papierform verschickt werden können.

Kalibrierzertifikat:
Digitaler Datensatz, dessen Integrität und Authentizität durch kryptographische Verfahren geprüft werden kann (DCC = Digital Calibration Certificate)."

Ein Kalibrierschein, der im portable document file Format (.pdf) ausgegeben wird, ist demnach kein Kalibrierzertifikat!

Rückführbarkeit

Im Zusammenhang mit Kalibrierungen und Mess- und Prüfgeräten wird immer wieder der Begriff „Rückführbarkeit" genannt und eine Rückführbarkeit gefordert.

Einfach erläutert bedeutet Rückführbarkeit, dass ein beliebiges Messgerät mit einem genaueren Messgerät (einem Normal) kalibriert wird, welches wiederum an einem noch genaueren Normal kalibriert wurde – diese Kette ist so lange fortzusetzen, bis das genaueste verfügbare Normal – in der Regel ein nationales Normal z.B. bei der Physikalisch-Technischen Bundesanstalt – erreicht wird.

Dabei sind bei jeder Stufe eine ganze Reihe von Merkmalen zu dokumentieren, um das Erreichen des Nationalnormals zu belegen und damit eine Rückführbarkeit nachzuweisen.

Die Schrift DAkkS-DKD-4 „ *Rückführung von Mess- und Prüfmitteln auf nationale Normale"* legt dar:

*„Die Anforderungen an Qualitätsmanagementsysteme sind zum Beispiel in der Normenreihe ISO 9000 festgelegt, die mit der europäischen Normenreihe EN ISO 9000 identisch ist. Die **Überwachung, Kalibrierung und Wartung von Mess- und Prüfmitteln** ist ein wichtiger Teil dieser Normen und garantiert, dass die Messungen während des Fertigungsprozesses vorschriftsmäßig ausgeführt werden. Zu diesem Zweck müssen alle Messergebnisse auf nationale Normale rückgeführt sein".*

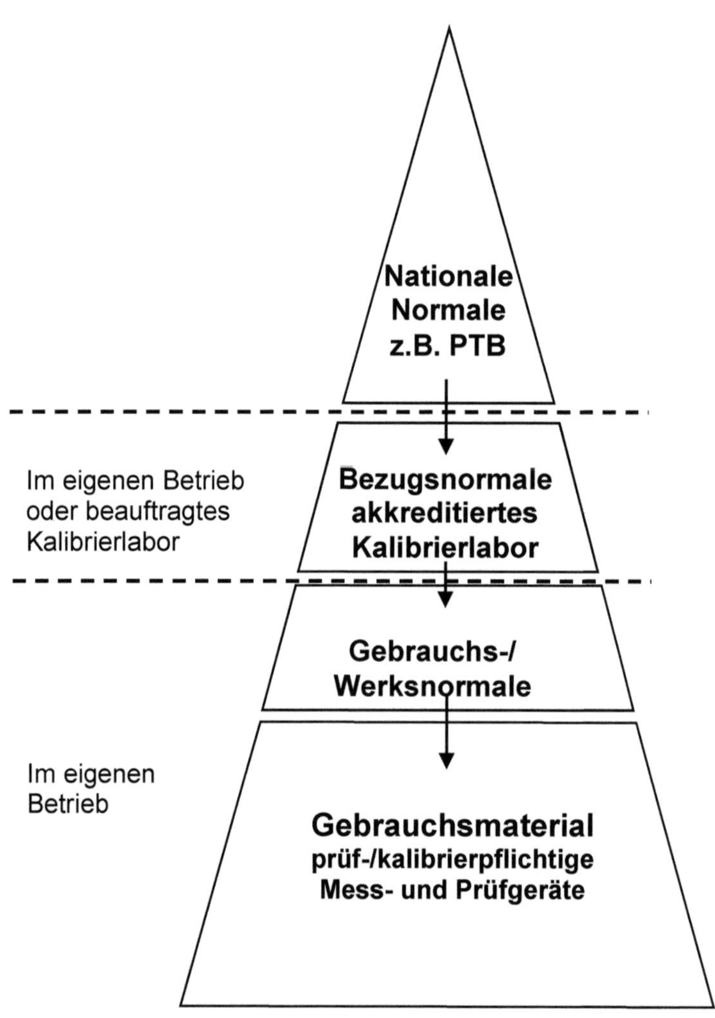

Nationale
Normale
z.B. PTB
Im eigenen Betrieb
oder beauftragtes
Kalibrierlabor
Bezugsnormale
akkreditiertes
Kalibrierlabor
Gebrauchs-/
Werksnormale
Im eigenen
Betrieb
Gebrauchsmaterial
prüf-/kalibrierpflichtige
Mess- und Prüfgeräte

Messunsicherheit

„Man misst eigentlich immer falsch, man muss nur wissen wie viel." [Dave Packard]

In einem Messergebnis ist immer ein Fehler enthalten – keine Messung ist „unendlich genau"

Als Formel ausgedrückt:

$$X_w = X \pm F$$

mit

X_w als „wahrer" Messwert
X als Messwert
F als Fehler.

Die Messunsicherheit ist immer Bestandteil eines Messergebnisses. Sie ist der „Fehler", der einer Kalibrierung anhaftet:
- auch das Normal, gegen welches verglichen wird, hat eine Ungenauigkeit
- das Messverfahren kann (kleine) Fehler beinhalten
- Fehler / Unsicherheiten der Auswertesoftware
- Fehlereinflüsse durch Umwelt (Temperatur, Feuchtigkeit o.ä.)
- ...

Kalibrierscheine müssen IMMER die Angabe von Messunsicherheiten enthalten.
Man findet jedoch immer wieder „Kalibrierscheine" ohne diese zwingende Angabe: dies sind keine Kalibrierscheine sondern allenfalls Vergleichsprüfungsprotokolle.

Die oben genannten „Fehler", besser Abweichungen genannt, können aus folgenden Komponenten bestehen:

Systematische Abweichungen

Systematische Abweichung sind typisch bekannte Größen. Sie können in der Regel korrigiert werden. Ist dies nicht möglich, sind diese Abweichungen linear zu addieren.

Zufällige Abweichungen

Zufällige Abweichungen müssen auf Basis statistischer Rechengrundlagen berücksichtigt werden. Daher wird in diesem Zusammenhang auch von einer Abschätzung gesprochen.
Diesen Abschätzungen wird nun noch ein Vertrauensbereich zugeordnet, der typischerweise bei 95% beträgt: dies bedeutet, dass von 100 Messungen 95 in diesem abgeschätzten Bereich liegen.

Um die nun ermittelte Messunsicherheit, die noch immer eine beträchtliche Unzuverlässigkeit enthält, auf ein sicheres Niveau zu heben, wird ein Erweiterungsfaktor eingerechnet. Dieser Faktor wird typisch mit k = 2 angenommen.

Dieser Faktor stammt aus der Gaußschen Normalverteilungstheorie und beträgt k=1,96 .

Beispiel für aufgenommene Messwerte.
Die roten Linien stellen den Spezifikationsbereich dar:

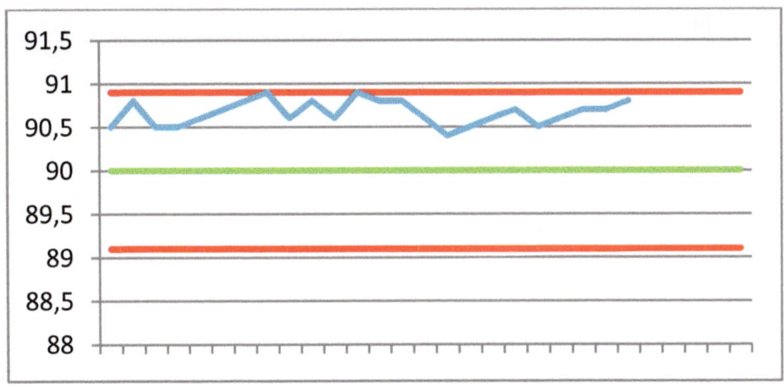

Alle Messwerte sind sicher „in Toleranz" – einige reizen den maximalen Spezifikationsbereich zwar aus – liegen aber innerhalb der zulässigen Limits,

Blendet man nun aber Fehlerbalken zur Messunsicherheit des verwendeten Messgerätes ein, sieht man:

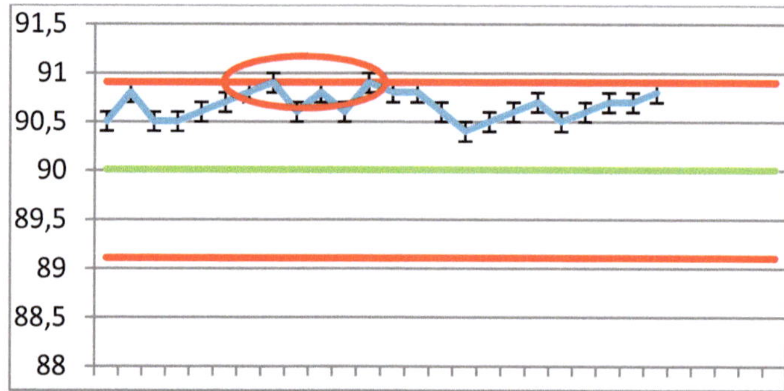

Bei den am oberen Rand der Toleranz befindlichen Werten kann die Aussagen „in Toleranz" gar <u>nicht</u> <u>sicher</u> getroffen werden! Weil das Messergebnis eine Unsicherheit hat, könnte es durchaus sein, dass einige der Werte außer Toleranz sind!
Hier muss am Messverfahren / Messgerät oder an den Vorgaben nachgebessert werden!

(Normative) Grundlagen

Im Dezember 1989 wurde in Deutschland das Produkthaftungsgesetz (Gesetz über die Haftung für fehlerhafte Produkte – ProdHaftG) in Kraft gesetzt. Es regelt die Haftungspflicht eines Herstellers für fehlerhafte Produkte. Das Gesetz zielt darauf ab, bei der Herstellung von Produkten den Hersteller zu höchster Sorgfalt zu zwingen, um Gefahren, die von einem Produkt ausgehen können, zu minimieren oder auszuschließen und so den Verbraucher zu schützen. Während das Gesetz die Haftungsbedingungen regelt, geben ergänzende Vorschriften und Normen Durch- und Umsetzungsvorgaben.

Eine dieser Vorgaben ist die Normenreihe ISO 9000, nach der heute sehr viele (nicht nur produzierende) Betriebe zertifiziert sind. In ihr sind Anforderungen an Qualitätsmanagement<u>systeme</u> festgelegt, die als Werkzeuge zur Erzielung von festgelegten Qualitätsstandards und damit der Produktsicherheit und dem Schutz des Endverbrauchers dienen sollen.
Eine Zertifizierung nach ISO 9000 ist ein Nachweis, der im Produkthaftungsgesetz geforderten Sorgfaltspflicht durch die Einrichtung geeigneter Prozesse und den Aufbau eines ganzheitlichen Qualitätsmanagementsystems genüge getan zu haben.

Speziell für den Inhalt von Kalibrierscheinen gibt es in Deutschland zwei maßgebliche Schriften:

-   Die DIN EN ISO/IEC 17025:2018
    Hinweis:
    Die Die DIN EN ISO/IEC 17025:2018 ist inhaltlich identisch mit der DIN EN ISO/IEC 17025:2017. Die Vorschrift kam Ende des Jahres 2017 zunächst in englischer Sprache heraus und nach dem Jahreswechsel auch in deutscher Sprache (deutsch/englische Ausgabe).

-   Die DAkkS-Schrift 71 SD 0 025 , Revision: 1.0 vom 12. Juni 2019. „Darstellung von Kalibrierergebnissen und die Verwendung der DAkkS-Kalibriermarke"

    Diese Schrift löst die Schrift DAkkS DKD-5 „Anleitung zum Erstellen eines Kalibrierscheines ab"; diese darf nur noch bis zum 30.11.2020 angewendet werden.

ISO DIN EN ISO 9001:2015

Als Verursacher für wesentliche Forderungen der DIN EN / ISO 17025 ist die ISO9000er Serie, die zeitnah zum Produkthaftungsgesetz entstand.

Für den Bereich der Mess- und Prüfmittel ist ein wesentlicher Abschnitt der ISO 9001:2015 der Abschnitt 7.1.5 ff. Er ist die verbindliche Grundlage für den Aufbau und Betrieb eines Messmittelmanagementsystems:

ISO DIN EN ISO 9001:2015, Ziff 7.1.5 ff

Die Organisation muss die Ressourcen bestimmen und bereitstellen, die für die Sicherstellung gültiger Überwachungs- und Messergebnisse benötigt werden, um die Konformität von Produkten und Dienstleistungen mit festgelegten Anforderungen nachzuweisen.

Die Organistion muss sicherstellen, dass die bereitgestellten Ressourcen
a) für die jeweilige Art der unternommenen Überwachungs und Messtätigkeiten geeignet sind;
b) aufrechterhalten werden, um deren fortlaufende Eignung sicherzustellen

Die Organisation muss geeignete dokumentierte Informationen als Nachweis für die Eignung der Ressourcen zur Überwachung und Messung aufbewahren.

Damit werden feste Rahmen für den Einsatz und die Nutzung von Mess- und Prüfgeräten in einem (zertifizierten) Betrieb vorgegeben.

Im folgenden Absatz wird es sehr konkret:

„7.1.5.2 Messtechnische Rückführbarkeit
Wenn die messtechnische Rückführbarkeit eine
Anforderung darstellt,… „

Bereits in dem o.a. Einstiegssatz macht die Norm mit dem Wort „wenn" eine Einschränkung – offensichtlich ist nicht jedes Mess- und Prüfgerät von den nachfolgend aufgeführten Maßnahmen betroffen. Dies bedeutet, dass man sich beim Aufbau eine Messmittelmanagementsystems mit den Messgeräten im Betrieb nicht nur hinsichtlich ihrer Funktion sondern auch hinsichtlich ihrer Anwendung auseinandersetzen sollte.

... oder von der Organisation als wesentlicher Beitrag zur Schaffung von Vertrauen in die Gültigkeit der Messergebnisse angesehen wird, muss das Messmittel:

> *a. in bestimmten Abständen oder vor der Anwendung gegen Normale kalibriert, verifiziert oder beides werden, die auf internationale oder nationale Normale rückgeführt sind; wenn es solche Normale nicht gibt, muss die Grundlage für die Kalibrierung oder Verifizierung als dokumentierte Information aufbewahrt werden;*

In diesem Satz stecken neben der technisch ausgerichteten Anforderung, präzise Mess- und Prüfgeräte vorzuhalten und einzusetzen auch ein auf Nachhaltigkeit ausgerichteter Ansatz: es ist demnach nicht ausreichend, ein Mess- und Prüfgerät kalibriert zu beschaffen oder einmalig kalibrieren zu lassen, sondern diese Maßnahme muss intervallweise oder Einsatzfallbezogen wiederholt werden.

In dieser (aktuellen) Fassung der ISO 9001 wird sogar eine rückführbare Kalibrierung gefordert. Dies wird häufig interpretiert, dass jedes Messgerät rückführbar kalibriert sein muss. Der genaue Wortlaut ist aber:

„... gegen Normale kalibriert, verifiziert oder beides werden, die auf internationale oder nationale Normale rückgeführt sind, ..."

Dies erlaubt durchaus den Einsatz eines Werksnormals, an dem die Gebrauchsmessmittel kalibriert werden. Beispiel: ein Kalibriersystem für Drehmomentschlüssel ist rückführbar – in Deutschland durch eine DAkkS-Kalibrierung – kalibriert und steht im Betrieb (= „der Organisation") zur Verfügung. Damit können je nach Anwendungsfall die betrieblichen Drehmomentschlüssel als Werkskalibrierung kalibriert werden.

DIN ISO/IEC 17025:2018

Die Norm DIN ISO/IEC 17025:2018 ist DIE Norm, nach der ein Kalibrierlabor durch die Deutsche Akkreditierungsstelle (DAkkS) akkreditiert – also zugelassen - werden kann, sofern das Labor ein ganze Reihe von Vorgaben erfüllt. Sie

- regelt Kompetenz, Unparteilichkeit und konsistente Arbeitsweise von Laboratorien jeglicher Größe, sowie deren Kunden als auch Akkreditierungs- und Zertifizierungsstellen, die mit Hilfe von DIN EN ISO/IEC 17025 die Kompetenz von Laboratorien nachvollziehen beziehungsweise nachweisen können.

- reiht sich in die ISO/IEC 17000er Normenreihe zur Konformitätsbewertung ein.

- enthält neben spezifischen Anforderungen an Laboratorien auch allgemeine Textbausteine, die sich in der gesamten ISO/IEC 17000er Normenreihe wiederholen. Dies betrifft zum Beispiel die Anforderungen zur Unparteilichkeit, zur Vertraulichkeit, zur Behandlung von Beschwerden und zum Management.

- erfuhr eine umfassende Überarbeitung, Anwendungsbereich wurde verschlankt und die gesamte Struktur überarbeitet.
- enthält neu: Betrachtung von Risiken und Chancen; Unparteilichkeit und Vertraulichkeit wurden stärker hervorgehoben; Kompetenz des Personals wurde betont.

Laboratorien, welche diesen Norm-Entwurf erfüllen, werden im Allgemeinen auch in Übereinstimmung mit den Grundsätzen von ISO 9001 arbeiten.

Diese Norm ist aber auch für den Nutzer von Kalibrierdienstleistung wichtig: sie beinhaltet Vorgaben an das Kalibrierlabor, die umgesetzt unmittelbar beim Messgerätenutzer ankommen müssen und eingefordert werden können. So gibt es Vorgaben für die Inhalte von Kalibrierscheinen und der möglicherweise darin enthaltenen Konformitätserklärung.

Inhalte eines Kalibrierscheins

Die DIN EN ISO/IEC 17025:2018 macht klare Vorgaben, welche Inhalte ein Kalibrierschein haben muss, soll und darf:

Zum Umfang einer jeden Kalibrierung gehört ein Ergebnisbericht – der Kalibrierschein.

Folgend sind die Forderungen der Norm mit der Bezugsstelle angegeben.

Die DIN EN ISO/IEC 17025:2018 definiert „Laboratorium als Stelle, die eine oder mehrere der folgenden Tätigkeiten ausführt:
— Prüfung;
— Kalibrierung;
— Probenahme in Verbindung mit einer darauf folgenden Prüfung oder Kalibrierung"

Dementsprechend wird das Ergebnisdokument – im Falle der Kalibrierung ein Kalibrierschein - differenziert und in verschiedenen Abschnitten behandelt:

In diesem Buch soll ausschließlich auf die Inhalte von Kalibrierscheinen (und nicht auf Prüfberichte oder Probeentnahmeberichte) eingegangen werden.

Der konkrete Bezug in der DIN EN ISO/IEC 17025:2018 sind in Kapitel 7.8 „Berichten von Ergebnissen" die Unterabschnitte

- 7.8.2 **Allgemeine Anforderungen** an Berichte (Prüfung, Kalibrierung oder Probenahme)

- 7.8.4 **Besondere Anforderungen** an Kalibrierscheine

- 7.8.6 Aussagen zur **Konformität** in Berichten

- 7.8.7 Meinungen und Interpretationen in Berichten

- 7.8.8 **Änderungen** an Berichten

Diese Abschnitte werden nachfolgend aufgeführt und erläutert:

Allgemeine Anforderungen an Berichte
DIN EN ISO/IEC 17025:2018:

7.8.2 Allgemeine Anforderungen an Berichte
(Prüfung, Kalibrierung oder Probenahme)

7.8.2.1 Sofern das Laboratorium keine wichtigen Gründe geltend machen kann, nicht so zu handeln, muss jeder Bericht mindestens die folgenden Angaben enthalten, um so jegliche Möglichkeit von Missverständnissen oder Missbrauch zu minimieren:
In der Praxis dürfte es solche „wichtigen" Gründe nicht gegeben – wenn es nicht wirklich sehr offensichtliche Gründe gibt (Einschränkungen z.B. durch die Coronakrise in 2020 oder Ereignisse ähnlicher Auswirkung) , ist ein Ergebnis ohne die unten genannten Angaben mit Nachdruck zu hinterfragen! Diese Formulierung ist als „Notausgang" anzusehen.

a) einen Titel (z. B. „Prüfbericht", „Kalibrierschein" oder „Probenahmebericht") ;
Die unterschiedlichen Berichtsarten werden separiert. Die DIN gibt lediglich Beispiele für die Benennung vor. Umgangssprachlich wird der falsche Begriff Kalibrierzertifikat verwendet – ein seriöses Labor sollte diesen nicht verwenden.

b) den Namen und die Anschrift des Laboratoriums;
Die Anschrift muss nicht zwingend mit dem, Durchführungsort der Kalibrierung identisch sein; zahlreiche Labore sind auch für on-site oder Kalibrierungen in mobilen Kalibriereinrichtungen akkreditiert.

c) den Ort, an dem die Labortätigkeiten durchgeführt werden, einschließlich wenn sie in den Räumlichkeiten eines Kunden oder an anderen Orten als den permanenten Räumlichkeiten des Laboratoriums oder in zugehörigen zeitweiligen oder mobilen Räumlichkeiten durchgeführt werden;
Die Heimatanschrift der beauftragten Kalibrierlaboratoriums muss nicht zwingend mit dem, Durchführungsort der Kalibrierung identisch sein; zahlreiche Labore sind auch für on-site oder Kalibrierungen in mobilen Kalibriereinrichtungen akkreditiert – dieser Ort muss (ebenfalls) angegeben sein!

d) eindeutige Kennzeichnung , so dass all seine Teile als Teil eines vollständigen Berichts erkannt werden sowie eine eindeutige Kennzeichnung des Endes;

Bisher üblich ist eine Durchnummerierung z.B. „Seite 3 von 5" oder „Seite 6 von 6". Dies reicht nicht mehr aus. Es ist möglich, dass am Ende eines Kalibrierscheins eine halbe Seite frei verbleibt. Hier muss nun ein Eintrag erfolgen (zum Beispiel ein waagerechter Strich, oder der Text „Ende des Kalibrierscheins", ggf. in mehreren Sprachen:

Damit soll verhindert werden, dass zusätzliche Eintragungen vorgenommen werden (mit einem PC und Drucker leicht zu realisieren).

e) den Namen und die Kontaktdaten des Kunden;
Klingt banal, ist aber in der Praxis oft Grund zur Beanstandung: Gerade große Firmen erfahren immer wieder eine Umbenennung oder eine Änderung der Gesellschaftsform.

Kalibrierlabore arbeiten gerne mit Datenerfassungsdateien (z.B. EXCEL, MetCal oder andere), und laden die Stammdaten der letzten Kalibrierung – also Name des Kunden, Serialnummer und Typ des Kalibriergegenstandes usw. Dabei kann leicht übersehen werden, dass dich der Name / die Rechtsform des Kunden geändert hat. Auditoren bemängeln dies!
Aber: es ist nicht notwendig, einen Namen ändern zu lassen, wenn sich dieser NACH der Kalibrierung geändert hat – es muss der Name eingetragen sein, der am Tage der Kalibrierung rechtsgültig ist.

f) die Bezeichnung des angewandten Verfahrens;
Hier können tatsächliche Verfahren (z.B. Vergleichsmethode, x-Term-Verfahren) angegeben werden. Zulässig und häufig anzutreffen ist aber die Nennung der Bezugsdokumentation (Norm, Arbeitsanweisung usw.)

g) eine Beschreibung, eindeutige Benennung und, falls notwendig, den Zustand des Gegenstands;
Selbsterklärend, z.B. „Drehmoment-/Drehwinkelschlüssel" oder – wie in diesem Fall erforderlich wesentlich präziser: „Anzeigender Drehmomentschlüssel Typ I Klasse C"

h) das Datum des Eingangs der Prüf– oder Kalibriergegenstande sowie das Datum der Probenahme, sofern für die Validität und die Anwendung der Ergebnisse bedeutsam;
Die zweite Satzhälfte *„sofern für die Validität und die Anwendung der Ergebnisse bedeutsam"* macht diese Forderung für die überwiegende Menge von Kalibrierungen (an technischem Gerät) obsolet. Während es bei Proben an Chemikalien oder veränderlichen oder gar verderblichen Stoffen sicherlich auf den Zeitpunkt der Probeentnahme ankommt, ist bei der Kalibrierung von Kalibriergegenständen elektrischer Messgrößen oder der dimensionellen Messtechnik doch eher unerheblich, wann der Kalibriergegenstand in dem Wareneingang der Kalibriereinrichtung eintrifft.

i) das Datum (die Daten] der Durchführung der Labortätigkeit;
Dieses Datum (Daten) entspricht dem Datum der Kalibrierung – und ist gleichzeitig das Startdatum eines neuen Kalibrierintervalls.

j) das Ausstellungsdatum des Berichts;
Dieses Datum muss nicht identisch sein mit dem Datum der Durchführung der Kalibrierung. Beispielsweise werden Kalibrierschein zu on-site durchgeführten Kalibrierungen (Kalibrierungen, die beim Kunden durchgeführt werden) erst einige Tage später in den Labor- oder Büroräumen des Kalibrierdienstleisters erstellt.
Auch bei Änderungen gilt: hier ist das Datum dieser Neuausstellung des Kalibrierscheins zu finden.

k) Verweis auf den bzw. die vom Laboratorium oder anderen Stellen angewandten Probenahmeplan und Probenahmeverfahren, sofern für die Validität und die Anwendung der Ergebnisse bedeutsam;
Bei Kalibrierungen von / Kalibrierscheinen zu technischen Kalibriergegenständen nicht anwendbar.

l) eine Aussage, dass sich die Ergebnisse nur auf die geprüften, kalibrierten oder beprobten Gegenstande beziehen;
Diese Aussage kann auch indirekt in den Angaben auf der Titelseite sein!

m) die Ergebnisse, sofern angemessen, mit Angabe der Einheiten;
Eine Selbstverständlichkeit! Ausnahmen hiervon sind dem Autor nicht bekannt.

n) Ergänzungen zu, Abweichungen von oder Ausschlüsse von dem Verfahren;
Die Grundidee bei praktisch allen QM-Systemen ist maximale Transparenz: sag, was getan wurde, teile es mit!

o) Benennung der für die Freigabe des Berichts verantwortlichen Person[en);
Ausdrücklich wird nur die Benennung der verantwortlichen Personen verlangt:
- Dies sind in der Regel der Laborleiter und der/die stellvertretenden Laborleiter der Kalibriereinrichtung
- Eine Unterschrift ist nicht erforderlich!
- Auch ist nicht erforderlich, den Namen des durchführenden Kalibriertechnikers zu nennen. Dies empfiehlt sich jedoch für eventuelle Rückfragen und ist zulässig.

p) eine eindeutige Kennzeichnung, wenn Ergebnisse von externen Anbietern stammen.
Auch dies ist eine Selbstverständlichkeit. Es ist völlig normal, dass ein Kalibrierlabor nicht für alle Parameter akkreditiert ist und sich ggf. eines externen und weiteren Labors bedienen muss. Kein seriös arbeitendes Labor würde die Kalibrierergebnisse eines externen Labors als die eigenen Ergebnisse angeben.
Im Zweifelsfall auf der Homepage der DAkkS den Akkreditierungsumfang des beauftragten Labors überprüfen!

ANMERKUNG Die Aufnahme einer Aussage, dass der Bericht ohne die Zustimmung des Laboratoriums nicht auszugsweise vervielfältigt werden darf, kann sicherstellen, dass Teile eines Berichts nicht aus dem Zusammenhang gerissen werden.
Selbsterklärend.

Besondere Anforderungen an Kalibrierscheine
DIN EN ISO/IEC 17025:2018:

7.8.4 Besondere Anforderungen an Kalibrierscheine

7.8.4.1 In Ergänzung zu den in 7.8.2 aufgeführten Anforderungen müssen Kalibrierscheine die folgenden zusätzlichen Informationen enthalten:
Dieser Abschnitt ist nicht optional, sondern geht von den allgemeinen Anforderungen, die auch ein Schein eines Prüflabors erfüllen muss, zu den spezifischen Anforderungen eines Kalibrierscheins!

a) die Messunsicherheit des Messergebnisses, angegeben in der gleichen Einheit wie die der Messgröße oder durch eine Bezeichnung, die sich auf die Messgröße bezieht (z. B. Prozent);
DER Satz: die Angabe einer Messunsicherheit! Hier wird die Definition einer Kalibrierung (Vergl. Seite 8. dieses Buchs, Definition gemäß dem Internationalen Wörterbuch der Metrologie) in eine praxisnahe Forderung umgesetzt. Mit dieser Umsetzung unterscheidet sich ein DAkkS-Kalibrierschein / ein Kalibrierschein zu einer rückführbaren Kalibrierung von manchen „Werkskalibrierungen" - die oftmals keine sind sondern nur Vergleichsprüfungsprotokolle – und damit ohne metrologischen Wert!

ANMERKUNG Nach ISO/IECGuide99 wird ein Messergebnis für gewöhnlich als einzelner gemessener Größenwert zusammen mit der Maßeinheit und einer Messunsicherheit angegeben.

Hier der erneute Hinweis: Maßeinheit und Messunsicherheit gehören zu einem Messergebnis. Leider findet man immer wieder Werks-)kalibrierscheine, die diesen Namen zu Unrecht tragen, weil keine Messunsicherheit angegeben ist. Diese Scheine dokumentieren allenfalls eine Vergleichsmessung und haben keine metrologische Relevanz.

b) die Bedingungen (z. B. Umgebungsbedingungen), unter denen die Kalibrierungen durchgeführt wurden und die einen Einfluss auf das Messergebnis haben;

Diese Bedingungen werden bei Kalibrierscheinen von elektrischen Messgrößen und den meisten dimensionellen Messgrößen üblicherweise mit Angabe einer Temperatur und Luftfeuchte genannt. Beispiel: 23 °C +/- 1 K, 45% rel. Hum. +/- 10% Die Angabe der erlaubten / geduldeten Temperaturdifferenz erfolgt in Anlehnung an das internationale Einheitensystem und einer Empfehlung des Deutschen Instituts für Normung (DIN) in technischen Dokumenten in der Einheit Kelvin K. Gemäß DIN können Differenzen allerdings auch in Grad Celsius angegeben werden.

Ein Grad Celsius ist aber auch eine konkrete Temperaturangabe und ist daher unpräzise und kann zu Verwechslungen hinsichtlich des Temperaturbereichs führen. Bei der Einheit Kelvin kann man relativ sicher sein, dass hiermit ein Unterschied zwischen zwei Temperaturwerten angegeben wird, selbst wenn dies mal nicht explizit angegeben oder überlesen worden sein soll.

Neben diesen konkreten Angaben von Temperatur und Luftfeuchte können viele weitere Angaben gemacht werden. Es gilt, die Kalibrierbedingungen so eindeutig wie möglich zu kommunizieren. Weitere konkrete Angaben wie die Angabe des Tagesluftdrucks im Kalibrierlabor sind ebenso möglich wie eine Angabe „in Zugluft bei offenem Fenster" – wenngleich diese Aussage schon ungewöhnlich wäre. Allerdings ist es denkbar, dass diese Bedingungen das Kalibrierergebnis beeinflussen und müssten daher genannt und berücksichtigt werden.

*c) eine Aussage, die angibt, wie die Messungen
metrologisch rückführbar sind (siehe Anhang A);*
Dieser Absatz fordert eine Angabe zur
Rückführbarkeit – also zur dokumentierten
Rückverfolgbarkeit jeder einzelnen Ebene des jeweils
höheren (im Sinne von präziseren) Standards:

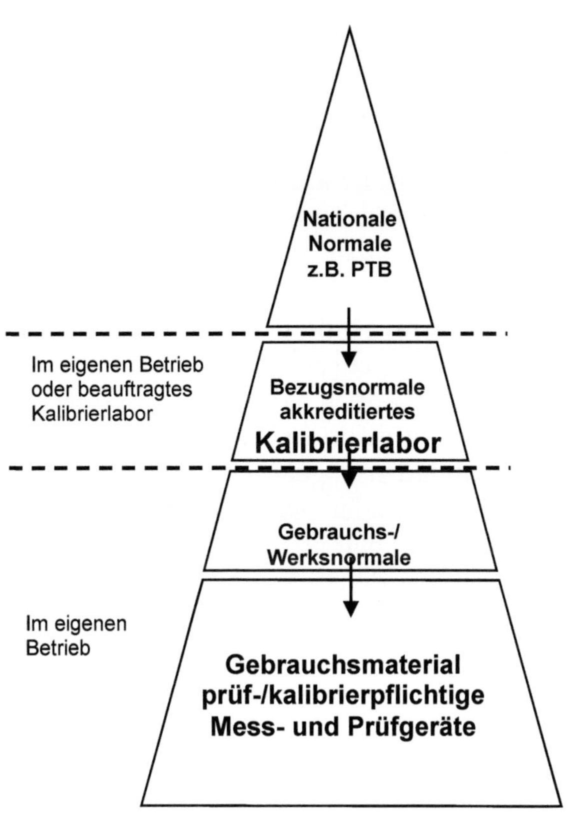

In einem DAkkS-Kalibrierschein sind hierzu sowohl eine Erklärung zur Rückführbarkeit (Standardtext auf der Titelseite) als auch die Auflistung der verwendeten Normale, üblicherweise unter Ziffer 2 "Kalibriereinrichtung"

d) falls vorhanden, die Ergebnisse vor und nach jeder Justierung oder Reparatur;
Die Werte vor einer Justage oder Reparatur müssen also nicht zwingend vorhanden sein.
Im Alltag wird ein Kalibriergegenstand bei einer Vorprüfung oder bei der eigentlichen Kalibrierung als nicht konform befunden. Es erfolgt eine Justage oder Reparatur (ggf. mit einem separaten Arbeitsauftrag); eine erneute Kalibrierung erfolgt mit dem Ergebnis „konform" oder „i.O." .
Das ist oftmals nicht im Sinne des Kunden – häufig wird ein Blick „zurück" benötigt: die Erwartungshaltung ist doch, dass das Messgerät innerhalb seiner Spezifikationen liegt. Wenn nicht, muss unter Umständen nachgearbeitet werden – ein Rückruf von Produkten oder Nachprüfung an einem Luftfahrzeug wären die Folge.
In diesen Fällen sollte gezielt eine „as-found - as left" Kalibrierung angefragt werden:

„As found" Kalibrierungen

Eine Kalibrierung umfasst die Feststellung einer Abweichung einer Messgröße im Vergleich zu einem Normal und mit einer zugeordneten Messunsicherheit.

Eine solche Kalibrierung wird auch als „As-found Kalibrierung" bezeichnet:

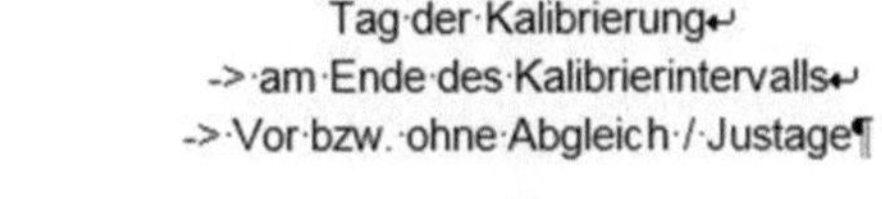

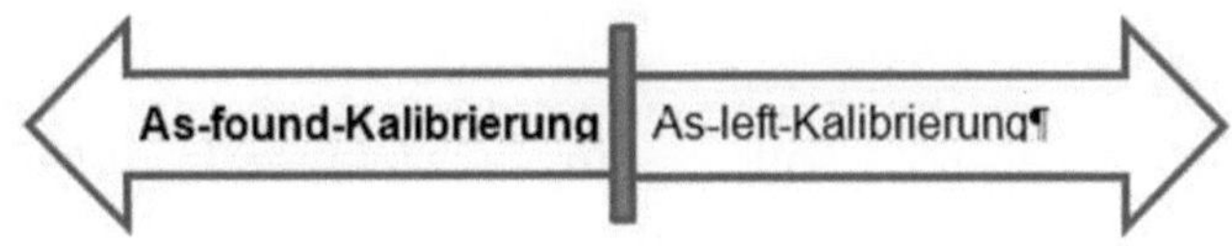

Eine „As-Found-Kalibrierung" (auch Eingangskalibrierung oder Istwertaufnahme) ist eine Kalibrierung vor Reparatur oder Einstellung / Justage.

Diese Kalibrierung wird benötigt

- zur Verifizierung von Messergebnissen seit der letzten Kalibrierung
- Bewertung individueller Gerätedrift in spezifischer Einbau- und Betriebssituation
- Bestätigung oder Neubestimmung des Kalibrierintervalls

„As left" Kalibrierungen

Eine As-Left-Kalibrierung (auch Ausgangskalibrierung) ist eine Kalibrierung mit bzw. nach Justage.

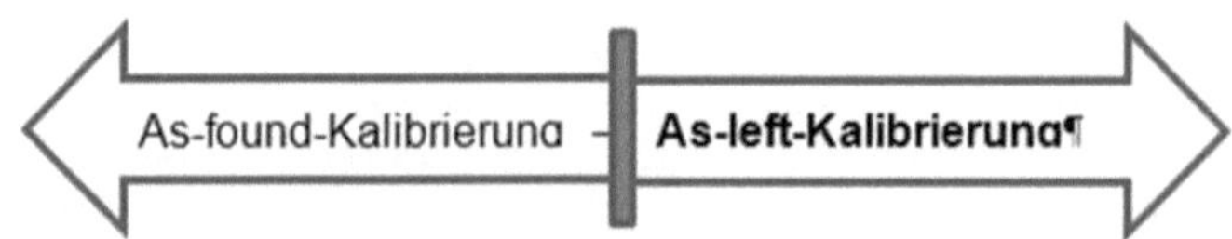

Üblicherweise soll ein Messgerät seine Solleigenschaften haben. Werden bei einer Kalibrierung Abweichungen festgestellt, können diese auf Wunsch des Geradehalters durch Reparatur, Abgleich oder Justage beseitigt werden. Mit einer zweiten Kalibrierung wird die Maßhaltigkeit bestätigt. Anstatt ein Messgerät zu justieren, kann der Endbenutzer auch die auf dem Kalibrierschein angegebenen Abweichungen verwenden.

e) wenn relevant, eine Aussage zur Konformität mit Anforderungen oder Spezifikationen (siehe 7.8.6);
Siehe Kapitel „Aussagen zur Konformität in Berichten

f) wenn zutreffend, Meinungen und Interpretationen (siehe 7.8.7).
Selbsterklärend

7.8.4.2 Wenn das Laboratorium für die Probenahme verantwortlich ist, müssen Kalibrierscheine die in 7.8.5 aufgeführten Anforderungen erfüllen, wenn es für die Interpretation der Kalibrierergebnisse erforderlich ist.
Für Kalibrierungen von elektrischen oder dimensionellen Messgrößen nicht zutreffend.

7.8.4.3 Ein Kalibrierschein oder eine Kalibriermarke darf keine Empfehlung über das Kalibrierintervall enthalten, es sei denn, dies geschieht mit Zustimmung des Kunden.
Eine immer wiederkehrende Forderung der Messgerätehalter ist die Angabe eines Kalibrierintervalls oder die Angabe des Zeitpunkts der nächsten Kalibrierung in einem Kalibrierschein.

Der Messgerätehalter (respektive das QM-System des Messmittelhalters) weiß alleine, wie das Messgerät eingesetzt wird (Einschichtbetrieb oder „rund um die Uhr", Laborbedingungen oder Baustelleneinsatz) und muss diese Einflüsse in die Vergabe des Kalibrierintervalls einfließen lassen.

Die Angabe eines Kalibrierintervalls in einem Kalibrierschein ohne Zustimmung des Kunden würde eine unzulässige Einmischung der Kalibrierstelle in das QM-System, des Messgerätehalters bedeuten.

Daraus könnte sogar der Versuch einer Kundenbindung unterstellt werden – dies wäre nicht zulässig.

Daher muss die Intervallvorgabe vom Messmittelhalter kommen; mit dieser Angabe – wenn sie dem Kalibrierlabor vorzugsweise in schriftlicher Form bekannt gemacht wird – gilt die Zustimmung als gegeben.

DAkkS-Kalibriermarken haben niemals eine Intervallangabe oder die Angabe der nächsten Kalibrierung.

Es ist zulässig, zusätzlich zum DAkkS-Aufkleber einen (eigenen) Werksaufkleber mit Intervallangabe oder, besser, dem Datum der Kalibrierung / dem Datum der nächsten Kalibrierung am Messmittel anzubringen (Siehe auch Kapitel „Kalibriermarke")

Ein Kalibrierlaboratorium darf ein Intervall also grundsätzlich nicht vorgeben. Damit soll eine (wirtschaftliche) Abhängigkeit des Kunden vom Kalibrierlabor vermieden werden.

Eine Vereinbarung mit dem Auftraggeber/Kunden ist jedoch zulässig; wünscht der Kunde die Angabe eines Intervalls bzw. Termins der nächsten fälligen Kalibrierung, dann darf dies auch im Kalibrierschein vermerkt werden.

Nachdem jedoch tatsächlich extreme Intervalle wie z.B. 4 Jahre oder länger angetroffen werden, hat man sich in verschiedenen Arbeitsgruppen der DKD / DAkkS Fachausschüsse; Arbeitskreisen zur DIN- oder VDE/VDI Richtlinienerarbeitung) entschlossen, die Gültigkeitsdauer von <u>Kalibrierscheinen</u> zu begrenzen: die Kalibrier<u>scheine</u> haben eine Gültigkeitsdauer, nicht die „Kalibrierung", bzw. das Kalibrierintervall!

Beispiel 1:
Die DIN 51309:2005-12 schreibt in Absatz 6.3.2 Rekalibrierung:
„Die Gültigkeitsdauer des Kalibrierscheins beträgt maximal 26 Monate."

Beispiel 2:
Die Richtlinie DAkkS-DKD-R 3-8 schreibt in Absatz 6.2:
„Im Sinne dieser Richtlinie muss die Drehmomentschlüssel-Kalibriereinrichtung nach spätestens 26 Monaten erneut kalibriert werden. „

Hier kann man die deutliche Empfehlung eines Zweijahresintervalls sehen.

Um Unplanbarkeiten (unausweichlicher Messbedarf, Audit, Terminvergabe der Kalibrierstelle o.a.) auffangen zu können, wurden 2 weitere Monate hinzugegeben.

Aussagen zur Konformität in Berichten

7.8.6.1 Wenn eine Aussage zur Konformität zu einer Spezifikation oder Norm gemacht wird, muss das Laboratorium die angewandte Entscheidungsregel dokumentieren. Dabei ist das Risiko [wie eine falsche Annahme, eine falsche Zurückweisung und falsche statistische Annahmen), das mit der angewandten Entscheidungsregel verbunden ist, zu berücksichtigen und die Entscheidungsregel anzuwenden.

ANMERKUNG Wenn die Entscheidungsregel vom Kunden, in Vorschriften oder in normativen Dokumenten vorgegeben wird, ist eine weitere Berücksichtigung des Risikos nicht erforderlich.

Neu ist in der Ausgabe DIN EN ISO/IEC17025:2018 die Aussage / Vorgabe über eine Konformitätsaussage.

Die Aufnahme einer Konformitätsaussage beruht auf dem Wunsch vieler Messmittelhalter und gibt an, ob ein Messgerät am Ende einer Kalibrierung Vorgaben (z.B. den Spezifikationen des Herstellers) entspricht – oder eben nicht.

Um eine solche Entscheidung zu treffen, muss festgelegt werden, wie die „Regel" hierzu ist: die Norm spricht von einer Entscheidungsregel.

Es gibt keine verbindliche vorgeschriebene Vorgabe zu einer Konformitätsaussage. Diese kann zwischen Kalibrierstelle und Gerätehalter vereinbart werden. Daher gibt es unterschiedliche Modelle, auf die sich geeinigt werden kann:

Normative / zu vereinbarende Vorgaben zur Konformitätsaussage:
- Konformitätsaussage nach 14253-1
- Konformitätsaussage nach ILAC G9 8-2009
- ISO/IEC Guide 98-4
- Konformitätsaussage nach DAkkS-DKD-5
- Konformitätsaussage ohne Berücksichtigung der Messunsicherheit
- Konformitätsaussage nach individueller Kundenanforderung

Daraus können Konformitätsaussagen / die Entscheidungsregel nach Kundenwunsch abgeleitet werden, z.B.:
- ohne Berücksichtigung der Messunsicherheit
- „shared Risk"
- individuelle Anforderungen

Mit der Kalibrierstelle muss, wenn eine Konformitätsaussage im Kalibrierschein gewünscht wird, eine Vereinbarung getroffen werden.

Die Form dieser Vereinbarung wird derzeit unterschiedlich praktiziert:
- die Kalibrierstelle hat eine Formulierung -ggf. auch als Fußnote - im Auftrag
- Die Kalibrierstelle hat einen Flyer / Infoschreiben, in dem beschrieben steht wie die Entscheidungsregel lautet sofern nicht anders vereinbart
- In den allgemeinen Geschäftsbedingungen (AGB) der Kalibrierstelle ist eine Formulierung enthalten.

Wird von der Kalibrierstelle eine Konformitätsaussage im Kalibrierschein verlangt, sollte auch eine Vorgabe zur Entscheidungsregel gemacht werden – sonst gilt die Mitteilung in einer der oben beschrieben oder ähnlichen Formen als Vereinbarung!

Seite 2 eines Musterkalibrierscheins:
Die Konformitätsaussage kann ein ganz einfacher Satz
sein!

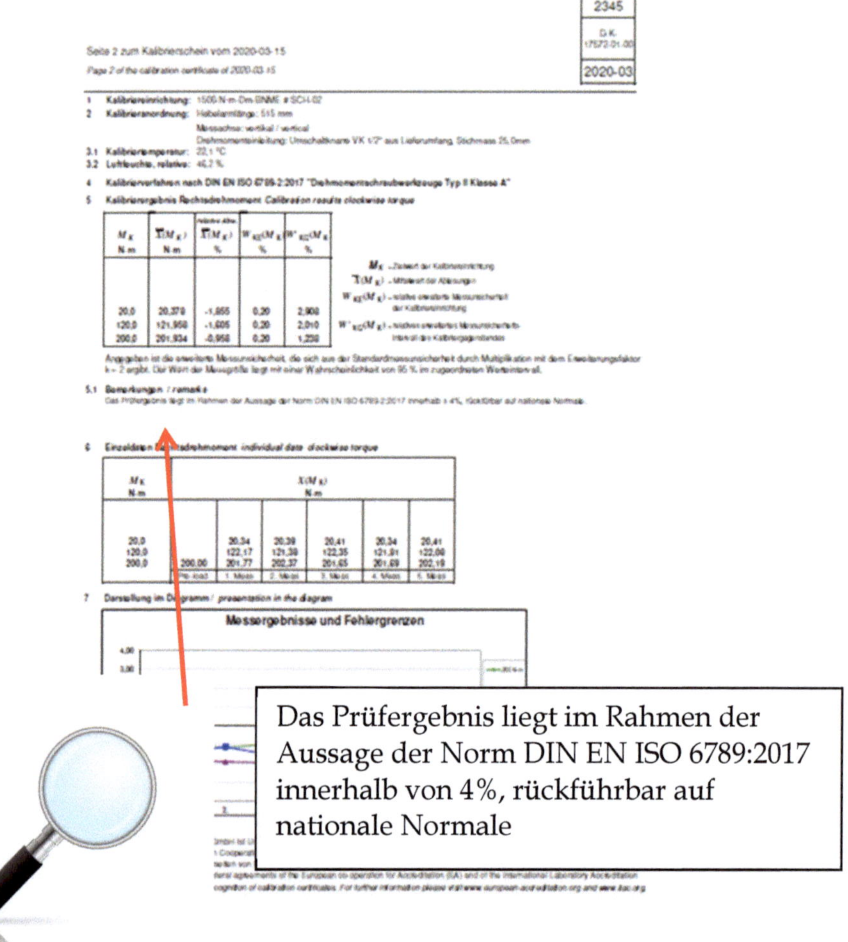

Das Prüfergebnis liegt im Rahmen der
Aussage der Norm DIN EN ISO 6789:2017
innerhalb von 4%, rückführbar auf
nationale Normale

Nachfolgend werden die gängigsten Modelle einer Entscheidungsregel vorgestellt und erläutert.

Entscheidungsregel – was steckt dahinter?

Das Diagramm zeigt mögliche Fälle einer Messwertaufnahme. Der jeweilige Messwert liegt auf der gestrichelten Linie, die Doppel-T stehen für die Messunsicherheit der Messung.

Beim ersten Messpunkt liegt der Messwert einschließlich der zugeordneten Messunsicherheit eindeutig innerhalb der Spezifikationsgrenze.

Beim zweiten Fall ist erkennbar, dass der Messwert deutlich innerhalb der Spezifikationsgrenze liegt. Durch die einbezogene Messunsicherheit könnte der Wert aber eventuell auch außerhalb der Spezifikationsgrenze liegen.

Beim dritten Fall ist erkennbar, dass der Messwert deutlich außerhalb der Spezifikationsgrenze liegt. Durch die einbezogene Messunsicherheit könnte der Wert aber eventuell auch innerhalb der Spezifikationsgrenze liegen.

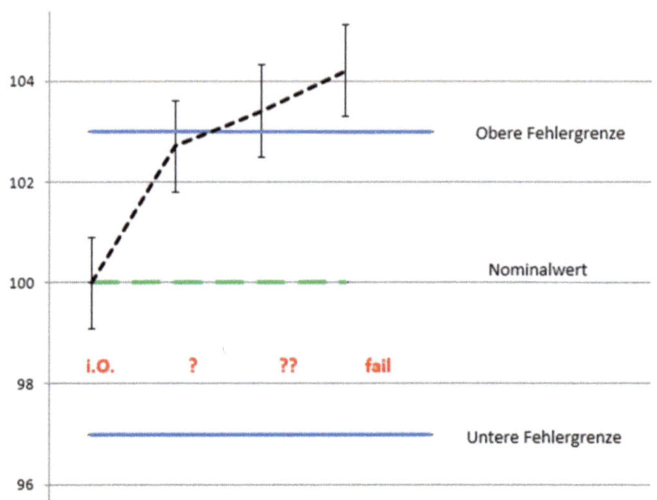

i.O.:   Das Instrument hält die Spezifikationen unter Berücksichtigung der Messunsicherheit ein

?:   Die Messung ist innerhalb der Fehlergrenzen. Unter Berücksichtigung der Messunsicherheit kann keine Aussage über die Einhaltung der Spezifikation gemacht werden. Die Wahrscheinlichkeit der Einhaltung ist größer als die Nichteinhaltung.

??:   Die Messung ist außerhalb der Fehlergrenzen. Unter Berücksichtigung der Messunsicherheit kann keine Aussage über die Einhaltung der Spezifikation gemacht werden. Die Wahrscheinlichkeit der Einhaltung ist kleiner als die Nichteinhaltung.

Fail: Das Messergebnis einschließlich der Messunsicherheit ist größer als die obere Fehlergrenze. Das Instrument hält die Spezifikationen nicht ein.

Die Messunsicherheit drückt, wie oben beschrieben, die „Qualität" der Messung bzw. der Kalibrierung aus.

Auch wenn der gemessene Wert „in Ordnung", also innerhalb der Spezifikationsgrenze ist, kann aufgrund des Unsicherheitsfaktors das tatsächliche Ergebnis außerhalb sein. Die o.a. Grafik zeigt, dass es nur zwei eindeutige Ergebnisse gibt: Der erste Messpunkt ist einschließlich Messunsicherheit innerhalb der Spezifikationen – der letzte Messpunkt ist eindeutig außerhalb der Spezifikationen. Bei den beiden anderen Messpunkten kann dies nicht mit Sicherheit bestimmt werden.

Die ILAC G8 (ILAC: International Laboratory Accreditation Cooperation) setzt diese Fälle als „cases" um:

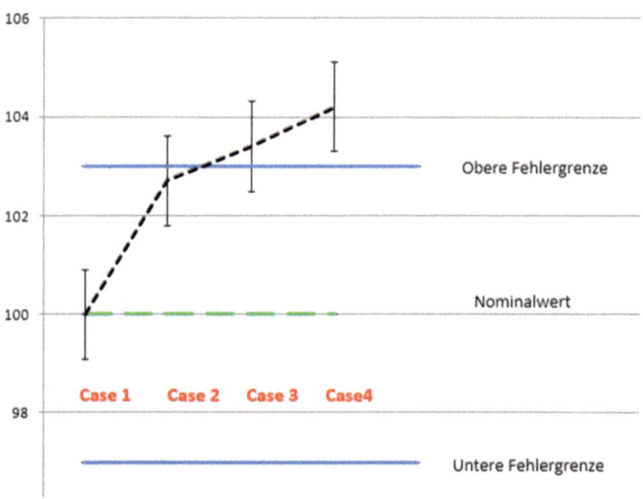

Eine eindeutige Aussage zur Konformität oder Nicht-Konformität kann nur zu den Fällen 1 und 4 getroffen werden. Bei den anderen und unklaren Fällen muss auf „nicht konform" entschieden werden.

Muss ein Gerät „konform" sein?

Der Sinn einer Kalibrierung ist die Feststellung einer Messabweichung. Im Idealfall würde ein Messgerät immer genau den Wert anzeigen, den es auch misst.
In der Praxis ist dies niemals so.
Aber wann ist das Gerät „in Ordnung" – wann nicht?
Alle Messgeräte haben drei charakteristische Grundmerkmale:
- Präzision
- Wiederholbarkeit
- Linearität

Wenn ein Messgerät an der gleichen Stelle seiner Kennlinie immer gleich „falsch" misst, ist dies kein Problem: mit einer Korrekturtabelle – in modernen Geräten durch Ablage in einem Speicherbaustein mit automatischer Korrektur der Anzeige – kann man den richtigen Wert ermitteln.
Kalibrierscheine geben die über den Messbereich ermittelten Werte an – eine Messergebniskorrektur kann durch den Anwender erfolgen.

Dies ist vielen Nutzern zu aufwändig – es gab Forderungen an den Normenausschuss, eine einfache Möglichkeit der Bewertung des Kalibrierergebnisses zu schaffen. Man will schnell erkennen können, ob das Gerät so präzise ist, wie man es einmal gekauft hat – die Konformitätsaussage wurde eingebracht.
Es spricht aber nach wie vor nichts dagegen, mit den bei der Kalibrierung ermittelten Messwerten zu arbeiten – das Gerät ist nicht (zwangsläufig) defekt.

7.8.6.2 Das Laboratorium muss bezüglich der Aussage zur Konformität so berichten, dass deutlich wird:
a) für welche Ergebnisse die Aussage zur Konformität gilt;
Selbsterklärend

b] welche Spezifikationen, Normen oder Teile davon erfüllt oder nicht erfüllt werden;
Selbsterklärend

c) welche Entscheidungsregel angewendet wurde [es sei denn, sie ist in der Spezifikation oder Norm enthalten).
Die Kommunikation hinsichtlich der angewandten Entscheidungsregel kann sehr unterschiedlich sein:
- Als Bemerkung in Angebot oder Auftragsbestätigung (mit der Akzeptanz des Angebots und der Beauftragung wird der so komminizierten Entscheidungsregel zugestimmt). Besipiel: „Bei Konformitätsaussagen wird die erweiterte Messunsicherheit berücksichtigt" (diese Entscheidungsregel entspricht der ILAC G8, siehe vorigen Abschnitt)
- In den allgemeinen Geschäftsbedingungen AGB
- In einem Informations- oder Merkblatt (gerne als .pdf im Internet einsehbar) auf welches in Angebot oder Auftrag oder in den AGB verwiesen wird.

ANMERKUNG ISO/IECGuide 98-4 bietet weitere Informationen.
Selbsterklärend

Änderungen an Berichten

7.8.8.1 Wenn ein ausgestellter Bericht geändert oder neu ausgestellt werden muss, müssen alle Änderungen von Informationen eindeutig gekennzeichnet werden und, wo erforderlich, muss der Grund für die Änderung im Bericht aufgenommen werden.
Selbsterklärend

7.8.8.2 Änderungen an einem Bericht nach der Ausstellung dürfen nur in Form eines gesonderten Schriftstücks oder einer Datenübertragung erfolgen, worin der Hinweis "Ergänzung zu Bericht, Seriennummer [oder sonstige Kennzeichnung]" oder ein gleichwertiger Wortlaut enthalten ist. Solche Änderungen müssen allen Anforderungen dieses Dokuments genügen.
Selbsterklärend

7.8.8.3 Wenn es erforderlich ist, einen vollständigen neuen Bericht auszustellen, muss dieser Bericht eine eindeutige Bezeichnung haben und einen Verweis auf das Original enthalten, welches er ersetzt.
Selbsterklärend.

DAkkS Homepage:
„Zum 1. August 2016 traten die angepassten Regelungen der Deutschen Akkreditierungsstelle (DAkkS) für die metrologische Rückführung in Akkreditierungsverfahren in Kraft. Akkreditierte Stellen müssen die geänderte Rückführungspolitik seit diesem Zeitpunkt vollumfänglich anwenden. Die Regelungen zur metrologischen Rückführung sind in der DAkkS-Regel 71 SD 0 005 (Revision 1.4) seit Februar 2016 dokumentiert.“

Auf den nächsten Seiten werden DAkkS-Kalibrierscheine „alt“ und „neu“ gegenübergestellt.

Wesentliche Unterscheidungsmerkmale sind (Quelle: DAkkS):

1. *Der Hinweis „Akkreditiert durch die Deutsche Akkreditierungsstelle GmbH“ an der bisher aufgeführten Position – insbesondere die Art und Weise der prägnanten Darstellung – entfällt. Dadurch soll der Eindruck vermieden werden, dass die DAkkS Herausgeber und Eigentümer des Kalibrierscheins ist oder selbst Kalibrierdienstleistungen anbietet.*

Der bisherige Hinweis auf dem Kalibrierschein „Auszüge oder Änderungen bedürfen der Genehmigung der Deutschen Akkreditierungsstelle GmbH“ entfällt und darf nicht mehr aufgeführt werden. Es erfolgt keine generelle Autorisierung

DAkkS-Kalibrierscheine: wesentliche Änderungen
Beispiel: bisherige Ausführung:

Beispiel: neue Ausführung:

Kalibrierlaboratorium für die Messgröße Drehmoment
Calibration laboratory for the measurands torque and rotational angle

Kalibrierschein / Calibration Certificate

erstellt durch das Kalibrierlaboratorium
issued by the calibration laboratory

Dummy Kalibrierservice
Bonner Str. 81
DE - 42857 Remscheid

Kalibrierzeichen
Calibration label

| 123456 |
| D-K-123456-01-00 |
| 2020-03 |

Gegenstand: / *Object*	**Auslösender Drehmomentschlüssel** **Typ II Klasse B**	Dieser Kalibrierschein dokumentiert die Rückführung auf nationale Normale zur Darstellung der Einheiten in Übereinstimmung mit dem internationalen Einheitensystem (SI). Die DAkkS ist Unterzeichner der multilateralen Übereinkommen der European co-operation for Accreditation (EA) und der International Laboratory Accreditation Cooperation (ILAC) zur gegenseitigen Anerkennung der Kalibrierscheine. Für die Einhaltung einer angemessenen Frist zur Wiederholung der Kalibrierung ist der Benutzer verantwortlich.
Hersteller: / *Manufacturer*	**Sturtevant Richmont** **USA**	
Typ: / *Type*	**SLTC 300i**	
Serien-Nr.: / *Serial number*	**987654** **Inv.-Nr. / Inv.-No: PM Nr. 110132**	
Auftraggeber: / *Customer*	**Muster GmbH** **Straße 17** **42327 Wuppertal**	This calibration certificate documents the traceability to national standards, which realize the units of measurement according to the International System of Units (SI). The DAkkS is signatory to the multilateral agreements of the European co-operation for Accreditation (EA) and of the International Laboratory Accreditation Cooperation (ILAC) for the mutual recognition of calibration certificates. The item user is responsible for recalibration at appropriate intervals.
Auftragsnummer: / *Order No.*	**456654**	
Anzahl der Seiten des Kalibrierscheines: / *Number of pages of the certificate*	**2**	
Datum der Kalibrierung: / *Date of calibration*	**2020-03-03**	

Dieser Kalibrierschein darf nur vollständig und unverändert weiterverbreitet werden. Auszüge oder Änderungen bedürfen der Genehmigung des ausstellenden Kalibrierlaboratoriums.
Dieser Kalibrierschein ist auch ohne Unterschrift gültig.

This calibration certificate may not be reproduced other than in full except with the permission of the issuing laboratory.
This calibration certificate is valid without a signature.
This calibration certificate is based on the German issue. In case of doubt only the German version is valid.

Datum der Ausstellung *Date of issue Date of issue*	Freigabe des Kalibrierscheins durch Leiter des Kalibrierlaboratoriums *Approval of the calibration certificate by Vice head of the calibration laboratory*	Bearbeiter *Person in charge*
2020.09.04	Dr. Michael Präzise	Alex Genau

oder Freigabe der Musterkalibrierscheine eines Kalibrierlabors mehr durch die DAkkS. Die geplante Verwendung des Akkreditierungssymbols auf Kalibrierscheinen wird dagegen unverändert von den Laboren bei der DAkkS eingereicht, so dass diese von ihr geprüft und freigegeben werden können. Ob die Anforderungen der DIN EN ISO/IEC 17025:2018 an einen Kalibrierschein erfüllt werden, ist Bestandteil der Begutachtungen durch die DAkkS im Rahmen des Akkreditierungsprozesses.

2. *Die verpflichtende Verwendung der DKD-Marke, also des Logos des Deutschen Kalibrierdienstes (DKD) der Physikalisch-Technischen Bundesanstalt, entfällt.*

Kalibriermarken

Kalibriermarken, auch Kalibrieraufkleber, Kalibrierzeichen oder Kalibriersticker genannt, sind die äußere Kennzeichnung des Kalibriergegenstandes. Eine Kalibriermarke ist wichtig für Auditoren, die anhand der Marke

- erkennen, ob und wann das Gerät kalibriert wurde
- den Bezug zum zugehörigen Kalibrierschein herstellen können

Tatsächlich fordern aber weder die DI EN 17025:2018 noch die Ausführungsbestimmungen der Deutschen Akkreditierungsstelle 71 SD 0 025 ausdrücklich die Anbringung einer solchen Marke. Eine konkrete Kennzeichnung wird jedoch in der DIN EN ISO9001:25015 gefordert:

Forderung der DIN EN ISO 9001:2015

Die ISO 9001:2015 fordert im Abschnitt 7.1.5.2 („Messtechnische Rückführbarkeit", Auszug):

„Wenn die messtechnische Rückführbarkeit eine Anforderung darstellt, oder von der Organisation als wesentlicher Beitrag zur Schaffung von Vertrauen in die

Gültigkeit der Messergebnisse angesehen wird, muss das Messmittel:

> *a) in bestimmten Abständen oder vor der Anwendung gegen Normale kalibriert, verifiziert oder beides werden, die auf internationale oder nationale Normale rückgeführt sind; wenn es solche Normale nicht gibt, muss die Grundlage für die Kalibrierung oder Verifizierung als dokumentierte Information aufbewahrt werden;*
>
> ***b) gekennzeichnet werden, um deren Status bestimmen zu können;***
>
> *c) … „*

Die konsequente Umsetzung dieser (als sehr sinnvoll erachteten) Forderung bedeutet:

Sorgen Sie dafür, dass <u>jedes</u> Mess- oder Prüfgerät Ihres Betriebs mit einem Kalibrieraufkleber gekennzeichnet ist.

DAkkS-Kalibrierzeichen

Durch die DAkkS akkreditierte Kalibrierlabore dürfen Kalibrierzecihen nach Ausführungsvorgaben der DAkkS verwenden.

Diese Ausführungen sind in der DAkkS-Schrift 71 SD 0 025 „Darstellung von Kalibrierergebnissen und die Verwendung der DAkkS-Kalibriermarke" in Anhang 3 beschrieben und eindeutig (Inhalte dieser Schrift entnommen):

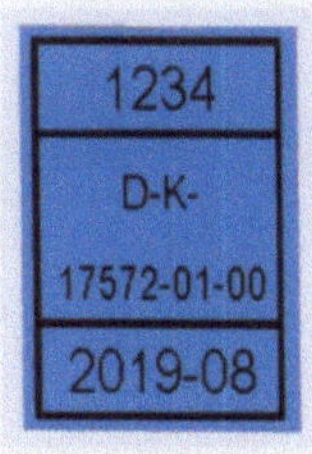

Abmessungen:

DAkkS-Marken sind 18 x 28 mm groß und von blauer Farbe.

Diese Maße sind grundsätzlich einzuhalten. Ermöglicht der Kalibriergegenstand das Anbringen einer solchen Kalibriermarke nicht, sind Verkleinerungen zulässig, sofern die Beschriftung der Marke noch deutlich lesbar ist.

Farbe:
DAkkS-Kalibriermarken sind blau [HKS 47K, entspricht CMYK 100/0/0/0], die Beschriftung in schwarz.
Andere Farben sind zulässig, sie dürfen aber nicht die Lesbarkeit erschweren und bedürfen der Genehmigung.

Einträge:
- Zeile 1: Zählnummer / laufende Kalibriernummer.
- Zeile 2: DAkkS-Registriernummer der Kalibrierstelle
- Zeile 3: Jahr und Monat der Kalibrierung(Durchführungsdatum).

Qualität:
Die DAkkS-Kalibriermarke muss aus geeignetem Material gefertigt und so beschriftet sein, dass - soweit möglich - ausgeschlossen ist, dass
- *die angebrachte Marke sich ungewollt vom Kalibriergegenstand löst,*
- *die Beschriftung verläuft, verwischt oder durch Abrieb oder Aufhellung unleserlich wird,*
- *die Funktionstüchtigkeit des Kalibriergegenstandes eingeschränkt wird.*

Werkskalibriermarken

Leider gibt es keine Vorgaben über Farbe, Form oder vor allem Inhalt von Werkskalibriermarken. Eine kleine Sammlung zeigt:

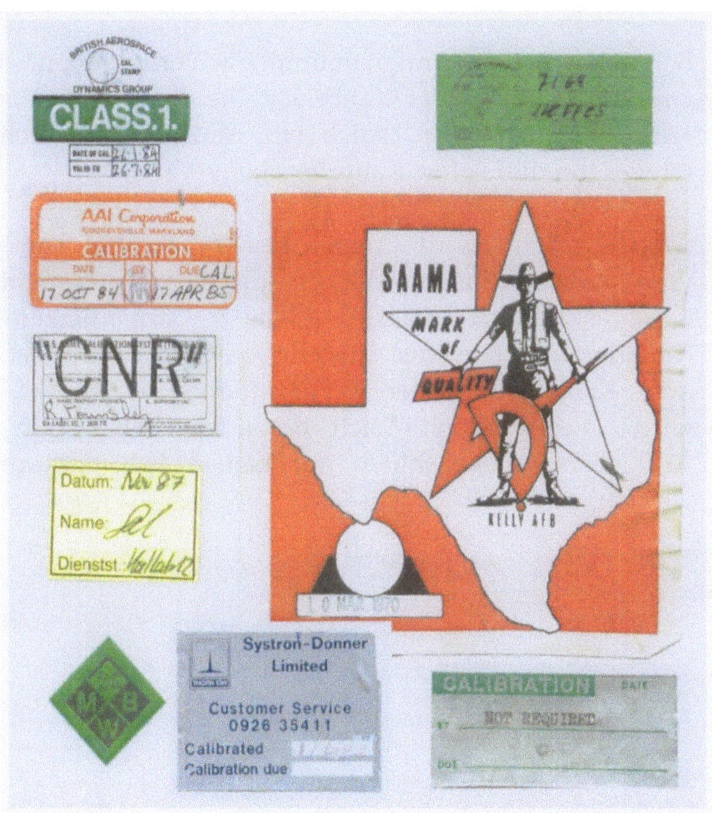

Erkennbar ist: es gibt nichts Einheitliches – auch können die oben geforderten Informationen nur schwer oder häufig auch gar nicht abgelesen werden. Uneinheitliche Ausführungen, schlechte Lesbarkeit, scheinbar willkürlich als notwendig befundene Angaben helfen nicht und unterstützen kein modernes Messmittelmanagement.

Bei dieser Vielfalt kann man unmöglich erwarten, dass „mit einem Blick" der Kalibrierstatus des Messgeräts erfasst werden kann. Auch ein Auditor wird sich schwer tun und sofort Kalibrierscheine verlangen.

Grundsätzlich wird man keiner Kalibrierstelle vorschreiben können, welcher Aufkleber gewünscht wird. Abhilfe schafft der (firmen)eigene Kalibrieraufkleber, der anstelle oder zusätzlich zu dem Kalibrieraufkleber der Kalibrierstelle verklebt wird. Dies empfiehlt sich besonders bei DAkkS-Aufklebern; diese sollten auf keinen Fall entfernt werden.

(Firmen-)Eigene Kalibriermarke

Empfehlung: Entwerfen Sie für Ihren Betrieb eine Kalibriermarke:

Eine solche einheitliche Kennzeichnung hat eine Reihe von entscheidenden Vorteilen:

- jeder Mitarbeiter kann angewiesen werden, grundsätzlich vor Beginn seiner Arbeiten die Kalibriersticker auf Gültigkeit zu überprüfen

- es bleibt bei einer größeren Anzahl von Mess- und Prüfgeräten nicht aus, dass Messgeräte vorübergehend nicht auffindbar sind oder dass auf diese nicht zugegriffen werden kann. Dies kann durch innerbetriebliche Umzüge, durch Verleih der Geräte, durch seltene Benutzung, bei Ausgabe an Außendienst- Mitarbeiter usw. geschehen. Taucht ein derartiges Messgerät wieder auf, kann durch einen kurzen Blick auf den Kalibriersticker der Kalibrierstatus festgestellt werden.

- Werden Mess- und Prüfgeräte zur Kalibrierung an externe Kalibriereinrichtungen vergeben, erhalten Sie dort i.d.R. eine Kalibriermarke des durchführenden Labors. Dies kann eine DAkkS-Marke sein, kann aber auch – z.B. bei Werkskalibrierungen – eine beliebige Marke der Kalibriereinrichtung sein. Für die Gesamtheit dieser Kalibriersticker gilt: Einheitlich ist gar nichts.

- Unterschiedliche Formate, Farben, Angaben führen dazu, dass die Inhalte nur schlecht durch den Nutzer erfasst und umgesetzt werden können. Wird zusätzlich zu diesen „fremden" Stickern ein firmeneigener Sticker aufgebracht, wird diese Schwachstelle kompensiert und o.a. erste Strichaufzählung kann mit Nachdruck gefordert werden.

Ein einfacher Kalibrieraufkleber ist auch für wenig Geld zu beschaffen. Auch wenn der Phantasie keine Grenzen gesetzt sind, sollte man die Anzahl der Felder auf das Notwendigste beschränken – schließlich soll der Sticker „mit einem Blick" erfasst werden können.

Beispiel für einen einfachen Aufkleber :

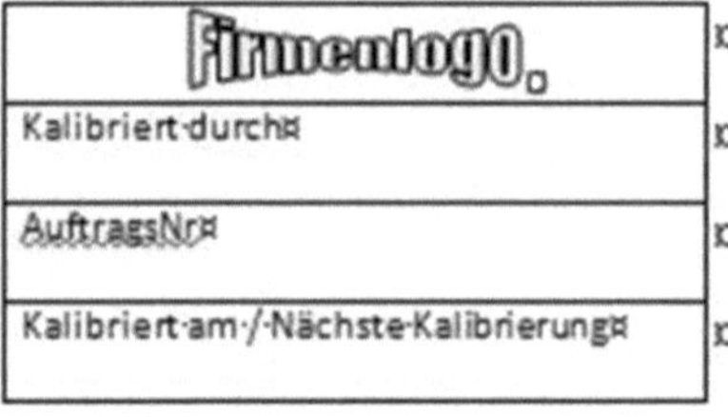

Auf diesem z.B. nur ca. 50 x 30 mm großen Aufkleber sind alle wichtigen Angaben enthalten, die

- Bezüge zur Kalibrierstelle („kalibriert durch", „Auftragsnummer") und die letzte Kalibrierung herstellen.
- den aktuellen Kalibrierstatus angeben

Ausfüllempfehlung für einen solchen Kalibrieraufkleber:

Zeile 1:   Firmenname /-logo, optional
Zeile 2:   Name der Kalibrierstelle, ggf. Abteilung
Zeile 3:   Auftragsnummer
Zeile 4:   Feld "Nächste Kalibrierung":
                Bei Kalibrierungen und
                Vergleichsprüfungen: Angabe des
                Monats mit drei Buchstaben, z.B. Jan.,
                Feb., (Ausnahme: März), Jahr
                Bei anderen Maßnahmen:
                entsprechendes Kürzel (z.B. NCR für „no
                calibration required", ICO für „initial
                calibration only")

Mit der Angabe der Kalibrierstelle und der Auftragsnummer kann

- im Bedarfsfall eine neue Kalibrierung angefordert werden
- der zugehörige Kalibrierschein aufgefunden werden.

Jede Kalibrierstelle hat eine Auftrags- oder Betriebsführungssystem; eine akkreditierte Kalibrierstelle ist sogar verpflichtet, Kalibrierergebnisse aufzubewahren (vergleiche hierzu: ISO EN 17025:2018, Ziff. 7.5 „Technische Aufzeichnungen").

Mit der jeweiligen Auftragsnummer kann der letzte Auftrag aufgerufen werden – alle Gerätedaten (Typ, Serialnummer usw.) liegen der Kalibrierstelle damit vor, eine neue Kalibrierung kann vorbereitet oder angeboten werden. Bei der „Bestellung" einer Kalibrierung z.B. für ein Multimeter ist es vielleicht die Kalibrierung für eines von 10 Multimetern des Betriebes – die Kalibrierstelle kalibriert unter Umständen mehrere Dutzend Multimeter dieses Typs pro Tag – hier ist die genaue Ansprache des Multimeters hilfreich, um gewünschten Kalibrierumfang und –qualität zu erhalten.

Bei wiederholten Kalibrierungen des Messgerätes weisen die Titelseiten des Kalibrierscheins kaum Veränderungen auf – Halterdaten, Typ und Serialnummer bleiben i.d.R. unverändert. Es ändert sich das Erstellungsdatum und die Auftragsnummer. Hat man eine zentrale oder dezentrale Ablage für Kalibrierscheine, muss der jeweils letzte Kalibrierschein leicht identifizierbar sein – hier ist die Auftragsnummer hilfreich.

Sollte der Kalibrierschein nicht (mehr) verfügbar sein, kann eine Kopie bei der Kalibrierstelle mit Angabe der Auftragsnummer nachgefordert werden.

Der 3. Zeile „Nächste Kalibrierung" ist besondere Aufmerksamkeit zu widmen:
Eine Kalibrierstelle darf grundsätzlich nicht den Zeitpunkt der nächsten Kalibrierung angeben:

ISO EN 17025:2018, Ziff. 7.8.4.3 „Besondere Anforderungen an Kalibrierscheine":
Ein Kalibrierschein oder eine Kalibriermarke darf keine Empfehlung über das Kalibrierintervall enthalten, es sei denn, dies geschieht mit Zustimmung des Kunden
Hier soll einer ungewollten Kundenbindung vorgebeugt werden: es ist grundsätzlich die freie Entscheidung des Gerätehalters, ob wann und wie oft er sein Gerät zur Kalibrierung vorstellt.

Diese freie Entscheidung ist zwar gegebenenfalls durch Anforderungen eingeschränkt, wie sie z.B. das Produkthaftungsgesetz oder die ISO9001 beinhalten – trotzdem soll der Gerätehalter frei in seiner Entscheidung bleiben und nicht an eine Kalibriereinrichtung gebunden sein.

Auf der anderen Seite steht natürlich mit Blick auf diese Normen und Gesetze auch die Verpflichtung, ein Kalibrierintervall zu unterschreiten, wenn durch Versagen, Störung oder Bruch die Validität des letzten Kalibrierergebnisses angezweifelt werden muss.

Ein eigener Kalibrieraufkleber (der ja einer Kalibrierstelle zur Verfügung gestellt werden kann!) hat mehrere Vorteile:

- Die Vereinbarung der Angabe eines Kalibrierintervalls wird durch die zur Verfügungstellung getroffen,
- wie oben erläutert kann jeder Mitarbeiter angewiesen werden, grundsätzlich vor Beginn seiner Arbeiten die (firmeneigenen) Kalibriersticker auf Gültigkeit zu überprüfen

Leider gibt es (noch) keine Richtlinie für einen einheitlichen oder normierten Kalibriersticker. Die oben geforderten Informationen können von vielen ve3rwendeten Kalibrierstickern nur schwer oder häufig auch gar nicht abgelesen werden.

Uneinheitliche Ausführungen, schlechte Lesbarkeit, scheinbar willkürlich als notwendig befundene Angaben helfen nicht und unterstützen kein modernes Messmittelmanagement und erfüllen nicht die Forderung der Norm nach Kennzeichnung.

Bei dieser Vielfalt kann man unmöglich erwarten, dass, wie oben beschrieben, „mit einem Blick" der Kalibrierstatus des Messgeräts erfasst werden kann. Auch ein Auditor wird sich schwer tun und sofort Kalibrierscheine verlangen.

Grundsätzlich wird man keiner Kalibrierstelle vorschreiben können, welcher Aufkleber gewünscht wird. Abhilfe schafft der (firmen)eigene Kalibrieraufkleber, der anstelle oder zusätzlich zu dem Kalibrieraufkleber der Kalibrierstelle verklebt wird. Dies empfiehlt sich besonders bei DAkkS-Aufklebern; diese sollten auf keinen Fall entfernt werden.

NATO Kalibriermarke

Hinsichtlich weiterer Normierung gibt es aber weitere Bestrebungen: hier ist es das Militär, welches durch gemeinsame Einsätze erkannt hat, dass eine Normierung unumgänglich ist, um Sprach,- Struktur und sogar Schriftbarrieren zu überwinden.

Mit dem NATO-Papier STANAG Nr 4704 „NATO Requirements for Calibration Support of Test and Measurement Equipment", (1. Ausgabe) wurde ein Rahmen für einen normierten Aufkleber festgelegt.

Es ist – wie bei vielen qualitätsbezogenen Vorgaben aus dem militärischen Bereich- davon auszugehen, dass in einigen Jahren eine entsprechende Norm oder normative Vorgabe auch für den zivilen Bereich umgesetzt wird.

Der in diesem Kapitel als Beispiel aufgezeigte Kalibrieraufkleber beinhaltet bereits Teile der STANAG-Forderungen.

Platzierung von Kalibriermarken

Kalibriersticker sollen gut sichtbar an der Gerätevorder- oder Oberseite angebracht werden.

Bei kleinen Messmitteln oder Messmitteln ohne Platz für einen Aufkleber kann er auch auf dem zugehörigen Etui / Verstaubehälter angebracht werden (Beispiel: Parallelendmaßsatz: nicht jedes Endmaß erhält einen Aufkleber, der gesamte Satz trägt einen Sticker auf dem üblichen Holzaufbewahrungskasten.

Die Funktionstüchtigkeit des Kalibriergegenstandes darf natürlich niemals eingeschränkt werden.

Kennzeichnung „nicht kalibriert"

Die Entscheidung, ob ein Gerät kalibriert werden muss (weil damit qualitätsrelevante Messungen vorgenommen werden; siehe EN ISO 9001:2015) wird im jeweiligen Qualitätsmanagementsystem des Gerätehalters anhand einer Risikoanalyse getroffen.

Es kann durchaus die Entscheidung getroffen werden, daß ein Gerät nicht kalibriet werden muss.
Für diesen Fall- ein Gerät ist nicht kalibriert (und darf damit nicht qualitätsrelevant eingesetzt werden) empfiehlt sich ebenfalls eine Kennzeichnung

Beispiel:

Ein Auditor – viel wichtiger aber im Alltagsbetrieb der Nutzer - erkennt mit einem Blick den Status des Messgerätes.

Ob die angezeigte Entscheidung „nicht kalibriert" richtig ist, kann zu diskutieren sein. Dies hebt ein Audit jedoch auf eine andere Ebene. Wichtig ist: der Auditor erkennt, dass alle Messmittel berücksichtigt wurden und hinsichtlich ihres Kalibrierstatus Entscheidungen getroffen wurden.

Quellenverzeichnis

Literaturverzeichnis

Quellliteratur / Genutzte und zitierte Quellen:

Burghart Brinkmann
„Internationales Wörterbuch der Metrologie - Grundlegende und allgemeine Begriffe und zugeordnete Benennungen (VIM)"
Beuth Verlag

PTB, Physikalisch-Technische Bundesanstalt
Nationales Metrologieinstitut
PTB-Infoblatt, 2017
„Das neue Internationale Einheitensystem (SI)"

PTB, Physikalisch-Technische Bundesanstalt
Nationales Metrologieinstitut
„Die gesetzlichen Einheiten in Deutschland"

DIN EN ISO 9001:2015
„Qualitätsmanagementsysteme Anforderungen"
Beuth Verlag

DIN EN ISO 10012:2004-03
"Messmanagementsysteme - Anforderungen an Messprozesse und Messmittel"

DIN EN ISO / IEC 17025:2018
"Allgemeine Anforderungen an die Kompetenz von Prüf- und Kalibrierlaboratorien"
Beuth Verlag

Quellenverzeichnis

DIN EN ISO 19011:2011-12
" *Leitfaden zur Auditierung von Managementsystemen* "
Beuth Verlag

DIN 51309:2005-12
„Werkstoffprüfmaschinen– Kalibrierung von Drehmomentmessgeräten für statische Drehmomente"
Beuth Verlag

DIN ISO 55350-11:2008-05
"Begriffe zum Qualitätsmanagement - Teil 11: Ergänzung zu DIN EN ISO 9000:2005"
Beuth Verlag

Deutscher Kalibrierdienst, Richtlinien / Leitfäden
"Rückführung von Mess- und Prüfmitteln auf nationale Normale"
www.dkd.eu

Bernd Pesch
"Messunsicherheit: Basiswissen für Einsteiger und Anwender"
Books on Demand

Peter Jäger
„Messmittelmanagement und Kalibrierung"
Books on Demand, ISBN 9783750434189

Notizen

Notizen